百读不厌的科学小故事

[韩] 具本哲　主编

U0174037

要坐飞机！

[韩] 吴允静　著

[韩] 赵娴淑　绘

刘　奔　译

上海科学技术文献出版社

Shanghai Scientific and Technological Literature Press

未来的人才是创意融合型人才

翻阅这套书，让我想起儿时阅读的爱迪生发明故事。那时读着爱迪生孵蛋的故事，曾经觉得说不定真的可以孵化出小鸡；看着爱迪生发明的留声机照片，曾想象自己同演奏动人音乐的精灵见面。于是我亲手拆装了手表和收音机，结果全都弄坏了，不得不拿去修理。

现在想起来，童年的经历和想法让我的未来充满梦想，也造就了现在的我。所以每次见到小学生，我便鼓励他们怀揣幸福的梦想，畅想未来，朝着梦想去挑战，一定要去实践自己所畅想的未来。

小朋友们，你们的梦想是什么呢？由你们主宰的未来将会是一个什么样的世界呢？未来，随着技术的发展，会有很多比现在更便利、更神奇的事情发生，但也存在许多我们必须共同解决的问题。因此，我们不能单纯地将科学看作是知识，为了让世界更加美好、更加便利，我们应该多方位地去审视，学会怀揣创意、融合多种学科去思维。

我相信，幸福、富饶的未来将在你们手中缔造。

东亚出版社推出的"百读不厌的科学小故事"系列与我们以前讲述科学的方式不同，全书融汇了很多交叉学科的知识。每册书都通过生活中的话题，不仅帮助读者理解科学（S）、技术（TE）、数学（M）和人文艺术（A）领域的知识，而且向读者展示了科学原理让我们的生活变得如此便利。我相信，这套书将会给读者小朋友带来更加丰富的想象力和富有创意的思维，使他们成长为未来社会具有创意性的融合交叉型人才。

韩国科学技术研究院文化技术学院教授　具本哲

致飞机发烧友

小朋友们，大家好！这本书是专门为喜欢飞机的小朋友们精心编写的。在这本书中，有许许多多大家以前不知道的新知识。

在书中，我们将会见到人类历史上第一架动力飞机的发明者——莱特兄弟。哥哥威尔伯·莱特和弟弟奥维尔·莱特从小就十分擅长摆弄机器，并且还特别喜欢读书。1903 年 12 月，奥维尔乘坐飞机，威尔伯在其后推动滑行。就这样，人类历史上第一架飞机"飞行者一号"试飞成功。

其实，朝鲜时期有一位发明家在莱特兄弟之前就发明了飞行器，他就是郑平九。郑平九在万历朝鲜战争时期制作了"飞车"，其意思是"在天空中飞的大车"。这项发明比莱特兄弟的"飞行者一号"早了 300 年。韩国国立果川科学院至今还保存着郑平九的"飞车"复原模型。

很久很久以前，世界各地的人们就梦想着在天空中飞行。经过无数次的尝试，终于造出了各种各样的飞机。在这本书中，主人公

天天历经千辛万苦终于和莱特兄弟登上了飞机。书中介绍了很多有关飞机的科学、技术工程、数学和人文艺术等知识。

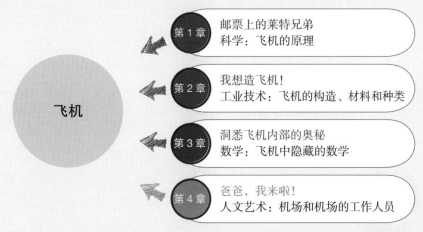

　　未来是属于大家的。希望小朋友们都能实现自己的梦想，在湛蓝的天空和浩瀚的宇宙中自由翱翔，引领韩国发展成为世界航天技术强国。带上梦想，向着未来，前进吧！

吴允静

目 录

第 3 章　洞悉飞机内部的奥秘

第 4 章　爸爸，我来啦！

邮票上的莱特兄弟

第 1 章

遇见莱特兄弟

　　天天的爸爸妈妈因为工作原因去了美国。今天，收到爸爸妈妈的来信，天天高兴地"哗"地一下撕开了信封。信中，爸爸让天天来美国游玩，还一起寄来了飞机票。一想到马上就要见到爸爸妈妈，天天心里兴奋极了。

　　就在临出发前的那天早上，新闻发布了一条可恶的消息："由于浓雾原因，今天的航班全部取消。"

　　"什么**破烂飞机**呀！究竟是谁造的飞机啊？换作是我，我一定会造一个超级坚固的飞机，风雨、浓雾无阻。"

　　天天激动的心情一下子落空了，他拿出爸爸的信，准备把邮票贴在集邮册里。

这时，不知从哪里传来了一个声音："我们也想造**坚固的飞机**啊！"

　　"你不知道我们花费了多少心血！"

　　天天看了看周围，一个人都没有。

　　"这里，我们在这里。"

　　天天惊讶地张大了嘴。

　　邮票上的莱特兄弟竟然走了出来，跟他说话。爸爸经常从美国给天天寄亲笔信，信封上贴着邮票。每次收到信，天天总是小心翼翼地将邮票揭下来，收藏在自己的集邮册里。

　　"正式介绍一下，我们是莱特兄弟，我是弟弟奥维尔·莱特。"留着小长胡子、一脸帅气的奥维尔首先冲天天**眨了眨眼睛**，招呼道。

　　"我是奥维尔的哥哥，我叫威尔伯·莱特。"威尔伯摸了摸帽子，沉稳地说道。

　　天天**晕头转向**地和莱特兄弟问好。

　　"你不会不认识我们吧？"

　　"名……名字听说过，也知道是你们发明了飞机。"

天天实在无法相信自己居然在和莱特兄弟说话。

"嗯哼！人们应该对我们心存感激。"

"如果没有我们，你们的**飞天梦**永远都不会实现！"

莱特兄弟铿锵有力地说道。

"为什么呢？"天天似懂非懂地问。

莱特兄弟挺直了腰板，**神采奕奕**地说："咳咳，很久很久以前，人们就想像鸟儿一样在天空飞翔。"

"是啊！人们为了飞天，尝试了各种各样的办法。"

天天睁大了眼睛，听得十分起劲。

"人们都尝试过哪些方法呢？"

"有人曾经用鸟的羽毛做成大翅膀，还制作了大大的扇子**不停地**扇动。"

"还有的人在非常高的地方一边挥动手臂一边往下跳。"

"啧啧，结果都是遍体鳞伤。"

威尔伯每说完一句，奥维尔接一句，两个人的声音听起来就像二重唱一样。

我也想像鸟儿一样飞翔！

"正因如此，人们才逐渐意识到：啊，原来人类不能像鸟儿一样飞翔！"

天天情不自禁地认真倾听他们的讲解。

我想在天空飞翔

"后来怎么样了?"

"如果是你，你会怎么办呢?"

"我，我吗?"被莱特兄弟突然一问，天天一时**不知所措**。

莱特兄弟睁着炯炯有神的大眼睛，看着天天。

"我应该会一直努力，直到成功吧……"

话虽然这么说，但如果真换做是天天，说不定早就放弃了。天天几乎没有什么事情是坚持到底的，所以妈妈经常批评他没有毅力。

"哦! 人类根本无法飞上天!"

"放弃吧! 放弃吧!"

莱特兄弟像演戏似的，把手放在额头上，一屁股坐了下去。天天在一旁**愣愣**地看着他们。

"就在几乎所有人都放弃的时候。"

"一天，法国的建筑家蒙戈菲尔兄弟在山中宿营，突然想出了一个令人叫绝的好主意。"

"什么主意?"

听天天这么一问，威尔伯**"嗯哼"**干咳了一声说: "拜托，我们说话的时候中间不要插嘴。"

"没错，我们对这个很敏感。"

天天不好意思地低下了头，奥维尔见状拍了拍天天的肩膀。

"不要灰心，有好奇心是理所当然的。"

莱特兄弟又继续他们的故事，威尔伯首先开口："似乎蒙戈菲尔兄弟也和我们一样，感情非常好。"

"是啊，他们喜欢一起思考问题，**像我们一样**。"奥维尔接着说道。

"知道了，你们可不可以先告诉我，他们究竟想出了什么主意呀？"天天**突然**插了一句，转念又意识到不对，赶紧闭上了嘴。

莱特兄弟用严厉的眼神看了看天天。

"那是一个凉飕飕的秋夜。"

"蟋蟀**矍矍**地叫着，寒蝉**凄切嗫**若，蒙戈菲尔兄弟准备点燃篝火。"

威尔伯和奥维尔模仿起蟋蟀的叫声。

"这里柴火是关键。"

"没错，柴火给了他们新的灵感。"

"柴火？"

天天睁大了眼睛，威尔伯又干咳了一声。

"柴火点燃之后，灰烬随着热烟飞向天空。"

"还会有噼里啪啦的响声。"

天天想起了他去宿营的时候，点燃木柴营造篝火，树木燃烧的灰烬随着浓烟**翩翩**起舞。

"见此情景，蒙戈菲尔兄弟心想，如果将热空气装入大口袋里，说不定大口袋也会飞上天。"

"这个想法可能是弟弟先想出来的。"

"什么？"

"本来就是嘛！重要的想法永远都是弟弟首先想出来的。"

奥维尔一副振振有词的样子，威尔伯听完**一下子**火气大发："你说完了吗？"

看样子，两个人好像马上就要吵起来似的。

"喂，然后呢？"天天轻声地催促他们接着往下讲。

"嗯哼，后来蒙戈菲尔兄弟做了一个大口袋，里面装了**满满**的热空气。"

"弟弟的想法一点没错！"

"这个想法一定是哥哥想出的！"

"不，是弟弟想出的。"

两个人又吵了起来，突然威尔伯接着说："蒙戈菲尔兄弟制作的热气球经过多次试验，终于在 1783 年 6 月公开飞行，升上了 1 千米的高空。并于同年 11 月初，首次载人飞行了 9 千米，长达 25 分钟。"

"人们还以为蒙戈菲尔兄弟施了魔法。"

"嘻嘻，以那时候的科学水准，这是人们想都不敢想的事。"

天天想知道热气球是怎么飞上天的。

"想知道吗?"

"是因为密度。"

"一看就知道你对密度一无所知。"威尔伯看着天天的表情说。

"密度是将物质的质量按照体积来计算的单位，换句话说就是物质每单位体积的质量。"

"奥维尔，你这么解释他是听不懂的。"

威尔伯**冷笑**了一声，接着说:"每种物质都有它固有的密度。举例来说，构成固体的分子排列紧密，体积很小，所以密度很大。相比之下，构成液体的分子之间距离较远，体积较大，所以密度较小。"

"那气体会怎么样呢?"奥维尔问天天。

"嗯，构成气体的分子之间距离非常远，体积特别大，所以密度应该特别小吧? 按照密度大小顺序排列，应该是固体、液体、气体。"

"哇，你比想象得要**聪明**嘛!"

"这点常识我还是有的。"

"而且密度大的会沉到下面，密度小的就会浮在上面。"

"为什么呢?"

天天**歪着脑袋**不得其解。

"简单来说……嗯……如果把硬币放在水中会怎么样呢?"

"当然会一下子沉底啦。"

听到天天的回答,威尔伯和奥维尔不约而同地点了点头。

"硬币沉底就在于硬币的密度比水的密度大。"

"在气球里注入氢气,气球会飞上天也是同样道理。"

"那么,是因为氢气的密度比空气的密度小吗?"

"是的,没错。"

莱特兄弟同时**点了点头**。

天天突然想起,蒙戈菲尔兄弟的大袋子里装的是烟,烟也是空气,这样一来袋子内外密度相同,怎么会飞上天呢? 想到这里,天天正想问个究竟。

因为硬币比水的密度大,所以一投进喷水池就沉入水底。

因为氢气比空气的密度小,所以氢气球会飞上天空。

"哎呀,我们知道你现在想问什么。"

"你是不是想知道热气球是怎么飞上天空的?"

两个人好像会读心术。

"那是因为热气球里面空气的密度比外面小。"

"你又想问，都是空气，密度为什么不一样，对吧？"

"是的……"

"根据温度的不同，空气的**体积会发生变化**。"

"比如，将一个瓶口套上胶皮气球的瓶子放入热水中，瓶内空气温度上升，空气分子活动加速。这时，空气体积变大，气球鼓胀。因为体积增加，密度就变小了。"

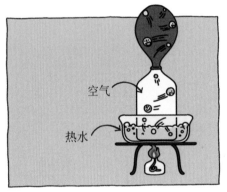

温度升高，分子之间距离变大，体积增加，密度变小。　　温度降低，分子之间距离变小，体积减小，密度变大。

"相反，如果将瓶子放入冷水中，瓶内空气温度降低，体积变小，气球就会回缩。"

"原来是蒙戈菲尔兄弟做的大口袋里空气温度升高，密度小于外面空气，所以热气球升空了。"天天一边拍手喝彩，一边说。

"哥哥，这小东西好像比想象中要聪明得多啊！"

莱特兄弟俩小声嘀咕了一会儿，然后像大发善心似的对天天说："好吧，就任命你做我们的助手吧。"

"助手？我？为什么？"

"你不用太感激我们，我们是很宽宏大量的。"

就这样，天天稀里糊涂地当上了莱特兄弟的助手。

因为袋子里空气温度升高，密度变小，所以热气球飞上了天空。

上托的力——浮力

"喂……"

天天小心翼翼地问莱特兄弟。

"比空气密度大的物体可以飞上天吗?"

"你猜猜! 能,还是不能?"

"像飞机那样又大又沉的物体都能飞上天,应该可以吧……可我不知道究竟是怎么飞上去的呢?"

天天歪着脑袋思考着,莱特兄弟**意味深长**地笑了。

"找出答案的是一位叫乔治·凯利的科学家。"

乔治·凯利(1773—1857)
真正系统研究飞行问题的第一人,被称为"航空之父"。

"那是 1809 年,英国科学家凯利在研究鸟是如何飞上天空的过程中发现了一种力——浮力。浮力是鸟儿的翅膀上产生的力。"

"福利? 是给好处的那个福利吗?"

"怎么连这个都不懂! 小助手,你听好了。物体受到垂直向上的力叫作浮力,鸟儿之所以能在天上飞,就是因为垂直作用的力支撑着它的翅膀。"

天天还是不理解,空中飞翔的鸟儿,哪来的力气支撑它的翅膀呢？

　　"好，我来做一个试验。好好看哦！将一张纸对折，中间夹一支铅笔，用手抓住铅笔的两端。"

　　奥维尔认真地把铅笔夹在纸的中间，并抓住铅笔的两端。

　　"然后在纸的上面'呼'地吹一口气。"

　　奥维尔"呼"地吹了口气，纸稍稍向上面飘了起来。

　　"往纸的上面吹气，空气运动加速，纸上面的压力变小；相反，下面的空气速度不变，压力也不变。所以从压力较大的下方到压力较小的上方就产生了力。在这个力的作用下，纸就向上飘起了。"

　　"虽然有点复杂，但我明白了是由于压力的差异才产生了向上的力。"

　　"没错，这个概念有点难，你慢慢想。"

　　天天点了点头。

浮力是浸在液体或气体里的物体受到的垂直向上托的力，由压力大的一边向压力小的一边传递。

吹气之后，纸张上下两端的空气流动速度发生变化，产生压力差，纸张就会向上飘起。

空气流动

呼

浮力

15

"利用这个原理，比空气重的物休也可以在空中飞了吗?"

听天天这么一问，莱特兄弟拍手叫绝："哇! 你还蛮像个助手的嘛!"

"正是由于这个原理，比空气密度大很多的飞机也能飞上天空。"

奥维尔大致画出了飞机的机翼，并标出了空气的流向。

"飞机机翼的断面就像我画的，下面是**平的**，上面是**鼓的**。"

"相同的空气在相同时间内，经过飞机机翼时，上面的空气因为经过鼓起的部分，所以比下面的空气所走的路程相对较长。"

"那么上面空气的速度会怎么变化呢?"

"当然是变快了。"

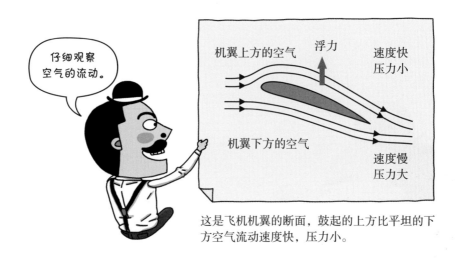

这是飞机机翼的断面，鼓起的上方比平坦的下方空气流动速度快，压力小。

"没错！机翼上方空气流动速度变快，压力变小；下方空气流动速度不变，压力相对较大。"

"这时，由于压力差产生浮力，飞机是**利用浮力**飞行的。"

天天对发现这个原理的凯利由衷地敬佩，不禁**竖起**了大拇指。

"他的确很厉害，不过和我们相比还差一点。"

"其实这种现象在我们生活中也随处可见。比如在没有防护屏的地铁站台，地铁快速经过时，站台上站立的人们的衣服和头发都会被吹向地铁的方向，这个现象就是空气压力差造成的。"威尔伯说，"当地铁快速经过时，地铁周围的空气压力变小，而乘客所处站台的空气压力变大，因此人们的衣服和头发就会被吹向地铁的方向。"

需要四种力

"光有浮力飞机就能飞上天吗？"

"看来你对飞机真是一窍不通啊，呵呵！"

奥维尔笑了，好像在逗天天。威尔伯**拍了拍**天天的肩膀说："要想让这么重的飞机飞上天，需要超级大的浮力。当飞机升空之后，还需要一个很关键的东西，那是什么呢？"

"是什么？"

"我在问你呢！"

"嗯……升空之后，要好好飞。"

见天天**吞吞吐吐**，威尔伯马上接着说："没错！升空之后需要长时间地顺利飞行。"

"飞机要想在高空顺利飞行需要四种力：推力、浮力、阻力和重力。"

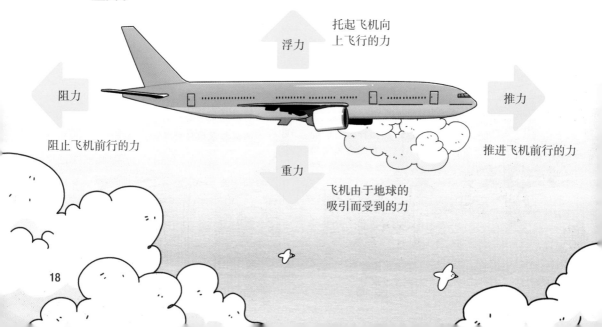

浮力 托起飞机向
上飞行的力

阻力 阻止飞机前行的力

推力 推进飞机前行的力

重力 飞机由于地球的
吸引而受到的力

奥维尔又补充说道："推力、浮力、阻力和重力是飞机飞行必需的四种力，缺少任何一种力，飞机都无法飞行。"

"好吧，算你运气好！下面我再告诉你这四种力分别是怎么回事。"

"首先，推力是作用于飞机前进方向的力，有了推力飞机才能在跑道上快速滑行，这样才能够产生浮力让飞机起飞。"

"推力是怎么产生的呢？"

"每架飞机都有发动机，发动机是制造推力的机器。"

"简单来说，发动机吸收周围的空气进行燃烧，然后将气体从后面喷出来，机体通过气体**喷出**的力量前行。将气球吹起来后，松手，里面的气体跑出来时气球也会跟着向前飞出去，这和飞机是一样的原理。"

"哦！比想象得要**简单**嘛！"

"你见过排风扇里的扇片吗？螺旋桨状的桨叶转动时吸收空气。飞机的发动机里也有螺旋桨来吸收空气。"

"以前小飞机就是靠螺旋桨转动，通过喷出气体获得推力。"

"哦！推力就是通过燃烧气体并迅速向后喷出，获得的力啊！"天天点点头，莱特兄弟也跟着点了点头。

螺旋桨旋转时，前面的空气移动到后面，这时产生的力就是推力。

螺旋桨

"接下来就是刚才说的浮力了，记得吗？浮力是利用空气流动托起飞机向上的力。"

"当然记得啦！"

"浮力是使飞机飞行最重要的力。浮力随着飞机飞行速度的变化而变化，飞机速度越快浮力越大，速度越慢浮力越小。而且，机翼面积越大，产生浮力的面积越大，浮力就越大。"

天天点了点头。

"推力是使飞机前行的力，浮力是托起飞机向上的力，那么阻力是什么呢？"

"嗯……是什么呢？"

"你猜猜。"奥维尔**调皮地**说。

"是组……组成什么力吗？"

"错！"

莱特兄弟**哈哈**大笑起来，天天难为情地挠了挠脑袋。

"推力使飞机前行，浮力托起飞机向上，阻力和重力则是妨碍飞机飞行的力。"

"我知道飞机需要让它前行和上升的力，可为什么还需要妨碍的力呢？"

天天歪着脑袋思考着。

"我来给你讲讲，好好听哦。飞机向前飞行的时候，空气与机身摩擦阻止其飞行。"

"在操场上跑步的时候，衣服和头发是不是都往后吹？那就是阻力造成的。跑的速度越快，阻力就越大。"

"飞机滑行的速度很快,所以阻力也很大。"

"哦,可是飞行的时候有阻力不是不好吗?"天天反问道。

莱特兄弟点了点头。

"影响速度,的确不好。"

"所以,将机翼表面做得十分**平滑**,将飞机设计成流线型,减少阻力。但阻力也是必不可少的,没有阻力就无法减速。"

"啊!只有减速才能让飞机停下来!"

"是啊,飞机通过加大阻力降低速度。如果没有阻力,飞机就会像没有刹车的汽车一样。"

天天轻轻点了点头。

"最后一个重力,是地球对飞机的吸引力。"

关于重力,天天在介绍牛顿的名

人传记中看过。牛顿通过苹果落地的现象，发现了所有有重量的物体之间都有**互相吸引**的力。

"任何有重量的物体之间都存在互相吸引的力，这个力就叫作万有引力。其中，地球对物体的引力叫重力。"

"如果地球对飞机没有引力，飞机不是更容易飞吗？"

"如果没有重力，飞机也许更容易飞，但说不定容易过头了，'嗖'的一下飞到地球外面去了。"

"哦！看来地球没有引力的确不行。"

"那我给你出一道题吧！"

地球兄弟，不要用力搜我呀！

哼！连点儿感激之心都没有！如果不是我，你就飞到宇宙去了！

威尔伯卖了个关子，马上又说："飞机起飞后，保持一定的高度飞行，到达目的地后着陆。那么，这期间的推力、浮力、阻力和重力都是怎么变化的呢？"

"嗯……首先，飞机要想起飞就需要浮力，要想产生浮力就需要推力。所以，飞机起飞的时候浮力和推力会很大。"

"哈哈，不错嘛！理解得很到位。"

听到天天的回答，威尔伯露出了**欣慰**的笑容。

"飞机升入高空，到达目的地之前要保持一定的高度飞行。这时浮力和重力大小相同，推力大于阻力。"

"哎哟，四个力放在一起，太复杂了。"天天**垂头丧气地**说道。

奥维尔拍了拍他的背："熟悉就好了，仔细想一想，你会理解的，只要知道着陆和起飞完全相反，问题就简单了。"

"起飞的时候浮力和推力大，那么，着陆的时候就是重力和阻力大吧？"

"没错，没有想象得那么难吧？"奥维尔和天天相视而笑。

推力　浮力　阻力　重力

水平飞行
浮力和重力大小相同，飞机才能保持一定的高度飞行；推力大于阻力，飞机才能向前飞行。

起飞
推力大于阻力，速度才能变大；浮力大于重力，飞机才能起飞。

着陆
阻力大于推力，速度才能下降；重力大于浮力，飞机才能降落。

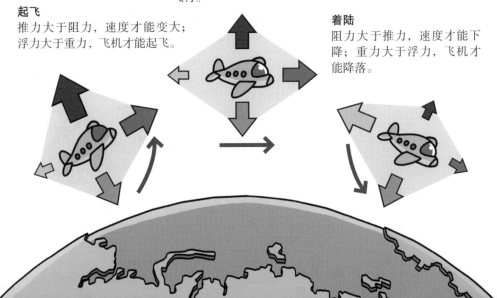

小实验

飞吧飞吧！飞机的翅膀！

所需材料：

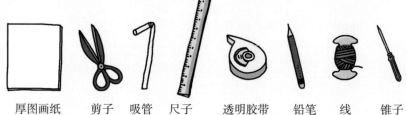

厚图画纸　剪子　吸管　尺子　透明胶带　铅笔　线　锥子

做法：

1. 将厚图画纸对折，其中一面的长度比另一面长 1.5 厘米左右。

不要使用太软的纸！

哗啦哗啦

2. 用铅笔用力按压折痕，使厚图画纸完全折叠。

将较长的一面弯成弧形。

3. 将较长的一面弯成弧形，使厚图画纸的侧面完全重合，并用透明胶带粘贴好。

透明胶带

4. 用锥子在上下两面穿一个孔，能够插进吸管。

从弧面中心到折痕方向1.5厘米处穿孔。

圆鼓鼓

5. 将吸管剪成4.5厘米长，插入孔中，用透明胶带固定住，翅膀就做好了！

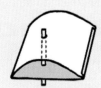

6. 将线穿进吸管中，用手抓住线的两端，向翅膀吹气。

一定要抓住线的两端，将线拉直后再吹气！

试验结果：

向翅膀吹气后，翅膀向上浮起。这是因为经过弧面的空气比经过平面的空气速度快，压力小。飞机升空的原理也是因为机翼上下两侧形状不同，压力也不同。

挑战天空飞行

"了解浮力原理之后，你们就马上开始造飞机了吗?"天天问道。

"不行哦。了解浮力原理以后，人们虽然对天空飞行这件事有了信心，但要想真的飞上天空还需要更多的探索。"

威尔伯从怀里**小心翼翼**地拿出一张图片，图上画了一个很奇怪的机器，看上去像蝙蝠的翅膀。

"这是凯利做的滑翔机。"

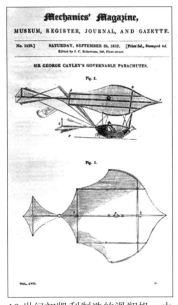

19 世纪初凯利制造的滑翔机，由固定机翼和机尾组成。

"滑翔机不就是人站在高处利用风力飞翔的装置吗？哦，原来是凯利发明的啊！"天天**点了点头**。

可奥维尔却摇了摇手指，说："不，凯利的滑翔机虽然起飞了，但却没能正常飞行。"

"后来，德国的滑翔飞行家奥托·李林塔尔研究了滑翔机的机翼形状，发明了一种新的模型。"

李林塔尔利用装配新型机翼的滑翔机进行了两千多次的飞行试验。

"李林塔尔试飞成功了吗？"

"嗯，成功了一半。"

"李林塔尔的滑翔机虽然飞上了天，但是由于没有驾驶器，所以移动范围有限。"

"最后，李林塔尔乘坐的滑翔机坠落，不幸身亡。"

"不过他应该是死而无憾了，毕竟是在实现自己飞行梦想的过程中丧生的。"

听了莱特兄弟的话，天天露出了**伤心的神情**。为了飞上天空，不断地进行研究和试验，最后没能如愿地完成一次飞行，却因为失事而不幸丧生。李林塔尔的故事让天天心痛不已。

"不要太难过了，无论如何，他的死并不是毫无意义的，他给人们带来了很大的动力。"

"人们想尽办法要帮他**实现心愿**，于是开始思索如何才能让飞机在空中持久地飞行。"

奥托·李林塔尔是德国的滑翔飞行家，1891 年首次发明了可以载人的滑翔机。

"我们决定制造飞机也是因为这个原因。"

莱特兄弟似乎想起了从前，不禁红了眼圈。

"正好那个时候，有一样东西给飞机研究者带来了新的灵感，那就是蒸汽机。"

天天想起以前在电视里看到过，一边烧煤冒着蒸汽，一边"呜呜"前行的火车。

"蒸汽机是利用大量的蒸汽让机器运行的装置。我们想既然蒸汽机能让巨大的火车开动起来，是不是也能让飞机长时间飞行呢？"

"那成功了吗？"

"最后当然成功了，多亏了无数人的共同努力才实现了梦想。"

"率先用蒸汽机制造飞机的是美国的英国籍发明家海勒姆·马克沁，他制造出用大型蒸汽机做引擎的飞机。"

"马克沁的飞机虽然能在跑道上滑行，但却由于引擎太重没能飞上天空而失败。"

"不久后，美国的发明家塞缪尔·兰利做出了装有动力引擎的飞机，并成功飞上了天。那个飞机被称作飞机场号。"

"那，不是你们最先制造出飞机的啊？"

"听我把话说完呀。飞机场号虽然成功地在天

马克西姆利用蒸汽机制造了飞机，可是由于太重飞行失败。

唉，如果我的飞机场号能载人就好了！

兰利的飞机场号在机翼之间装有螺旋桨，通过螺旋桨的旋转飞行。

空飞行，但是却不能载人。"

飞机场号本身的重量再加上人的体重是无法飞上天的。结果，兰利成为成功发明无人驾驶飞行器的第一人。

"后来，人们就放弃了大引擎的飞机，开始尝试制造像空气一样轻巧的飞机。"

"还有这种飞机？"

"不是有那种在里面**装满**比空气还轻的气体在天空飞行的机器吗？飞艇！飞艇是德国科学家齐柏林发明的。"

"飞艇能在天空飞行吗？"

"虽然能在天空飞行，但速度非常慢。而且一刮风，飞行方向就会改变，飞行起来十分困难。"

"不论如何，飞艇不断得到发展，1919年终于首次成功载人横跨大西洋飞行一周。"

我的飞艇怎么样？

"是齐柏林做到的吗？"

"非常遗憾，这是他去世之后的事了。"

天天很好奇莱特兄弟是

齐柏林用轻金属做成外壳，里面装满氢气，制造了飞艇。

什么时间制造飞机的。

"那么，您二位是什么时候制造飞机的呢？"

"齐柏林在德国造飞艇的时候，我们就已经在美国研究动力飞机了。"

"我们认真分析了那些失败的发明家的记录，经过反复试验，终于成功研制出'飞行者一号'。那一年是1903年。"

"哇！'飞行者一号'在天上飞了多久呢？"

莱特兄弟自豪地告诉天天，他们研制出的第一架动力飞机——"飞行者一号"飞行了12秒，飞行距离为36米。天天听后却十分**失望**。

"那也能算飞行吗？"

"你想想过去那些所谓的飞机，一眨眼就从空中掉到了地上。"

"虽然只飞了12秒，但对我们来说却仿佛过了12个小时，**简直像做梦一样**！"

"飞行者一号"有螺旋桨和一对机翼，中间是引擎。
1903年12月17日，莱特兄弟乘坐该飞机首次试飞成功。

后来，莱特兄弟继续研究引擎和螺旋桨，相继研制出飞行距离更长的"飞行者二号"和"飞行者三号"。

"这次飞行了多久呢？"

"说出来可不要被吓到哦！'飞行者三号'飞行了足足 38 分钟之久。"

"哇！"

桑托斯·杜蒙特利用立体方形风筝飞行的原理，将 14-BIS 的机翼设计成箱子状。

"听说我们研制的飞机飞上天空之后，巴西的发明家桑托斯·杜蒙特也制造了动力飞机。"

"一想到那个飞机的形状就想笑。"

莱特兄弟笑得**涨红**了脸。

"那个飞机到底什么形状呀？"

"桑托斯·杜蒙特制造的动力飞机 14-BIS，两个机翼就像绑了好多个箱子一样。"威尔伯说，"14-BIS 首次飞行时成功飞行了大约 60 米，3 周后飞行距离达到 220 米。14-BIS 成为欧洲首架完全依靠自身动力飞行的飞机。"

后来，各国科学家继续致力于飞机的研究。飞机的形状也变成了更易于抵抗阻力的流线型，飞行时间也越来越久。

飞机的巨大发展

"有一件事推动了飞机制造的飞跃发展。"

"知道是什么事吗?"

威尔伯和奥维尔同时问道。

"不知道，是什么?"

"那就是……第一次世界大战。"

天天**瞪大**了眼睛，怎么可能是因为战争呢? 真是让人难以想象。

"世界各国为了能在战争中取得胜利，都费尽心思制造性能更好的飞机。"

"美国政府提供了巨大的财力和物力支持，因此很多人研究飞机，制造引擎稳定性高的飞机。"

想想那些飞机爱好者们制造出来的飞机竟然在战争中被用作武器，天天**心痛不已**。

道格拉斯 DC-3
大型运输飞机发展的嚆矢，有"空中列车"之称。

"战争中，美国道格拉斯公司制造的飞机 DC-3 载着 32 名乘客，以 341 千米 / 小时的速度飞行了 1848 千米。"

"飞机的发展真是一日千里啊!"

"没错! 不是有一句

话叫'需求是发明之母'嘛！以前科学家们都是自己掏腰包制造飞机。后来为了在战争中获胜，由国家**带头**进行飞机的研制开发。"

DC-3 研制出来以后，世界各国为研制出更快、更结实、运输量更大的飞机，展开了激烈的竞争。

"1939 年，德国率先制造出喷气式飞机。"

"喷气式飞机是不是速度特别快？"

"没错，它采用的是喷气式发动机。"

"您二位也制造出喷气式飞机了吗？"

听天天这么一问，莱特兄弟**脸色暗淡**下来。

"没有，我哥哥在 1912 年染上伤寒去世了。哥哥去世后，我自己独自研究飞机，但是很无趣。后来，我也变得郁郁寡欢，于 1948 年离开了这个世界。"

波音 B-787
美国波音公司的客机。2011 年首次飞行，
有"梦幻骑士"之称。

莱特兄弟去世后，1949 年英国德哈维兰公司制造出大型喷气式客机 COMET1 号。COMET1 号时速达到了 780 千米 / 小时，具有划时代的历史意义。后来，每秒可飞行 340 米的超音速喷气式飞机、隐形战斗机等新型飞机相继被发明。

"继我们之后，很多科学家都致力于研制**最尖端**的飞机。"

"耗费燃料少、飞行距离远的 B-787，搭载乘客多、运输成本低的 A-380 客机等相继问世。"

"听说最近还研发了一种无人驾驶、仅凭地上远程操控就可以飞行的无人机。"

"无人机用在什么地方呢？"

"无人机不需要飞行员，所以用来观察勘测人们不能接近的放射

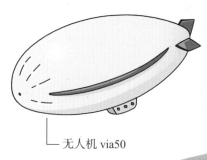

无人机 via50

探测海洋污染

性污染区域、天气异常的地区，或者需要进行生态调查的海域。"

"哇！飞机居然可以用于这么多的领域。"

听天天这么一说，莱特很自豪地冲天天**眨了眨眼**。

"虽然飞机的发展历史才100多年，但却取得了令人瞩目的成就。"

"估计在不远的将来，可能会开发出躯干和机翼合为一体的飞机或者太阳能飞机，速度也将会越来越快。"

"看来飞机的发展永无止境。"天天**无限感慨**地说道。

气象观测

监测山林火灾

无线通信

监测大气污染

测定海流和
波浪高度

城市规划

35

飞机历史一览图

15 世纪，达·芬奇设计了飞行器。

1783 年，蒙戈菲尔兄弟发明热气球，飞行成功。

1842 年，汉森获得空中蒸汽车设计专利。

19 世纪，凯利发明滑翔机。

20 世纪，齐柏林发明的飞船升入空中。

19 世纪，李林塔尔驾驶无动力滑行器飞行成功。

1903 年，莱特兄弟发明动力飞机"飞行者一号"，并首次试飞。

1908 年，戴克比尔发明圆形飞机。

1927 年，林德伯格驾驶飞机横跨大西洋。

1909 年，布莱里奥驾驶飞机横渡英吉利海峡。

1939 年，德国发明喷气式飞机并试飞成功。

20 世纪 40 年代，德国研制出 V-2 型火箭。

1947 年，美国贝尔 X-1 型喷气式飞机首次载人实现超音速飞行。

1957 年，苏联发射了第一颗人造卫星"斯普特尼克 1 号"。

1969 年，美国发射的"阿波罗11 号"成功登陆月球。

1981 年，美国成功发射了第一艘航天飞机，开启了航天飞机的新时代。

本章要点
回顾

蒙戈菲尔兄弟制造的热气球是如何飞上天的?

蒙戈菲尔兄弟发现将热空气装入大口袋里,大口袋会飞上天空。这是由于热空气密度较小,气体向上流动所产生的现象。体积越大,密度越小。所以当空气变热,体积变大,密度就会变小。1783 年 6 月,蒙戈菲尔兄弟将秸秆和羊毛点燃,将大口袋里充满热空气,这个热气球飞上了 1000 米的高空并持续飞行了 10 分钟左右。

机翼的上侧为什么是弧形的?

机翼上侧是弧形,下侧是平面。如图所示,只有机翼上侧呈圆弧状,飞机前进时,机翼上侧空气的流动速度才能大于下侧,产生浮力,托起两个机翼。因此,机翼上弧下平是为了产生浮力。

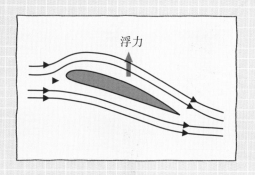

浮力

首架成功载人飞行的动力飞机是什么?

 很久很久以前,人们就梦想翱翔蓝天,并为此做出了各种努力。从最初插上翅膀从高处跳下挑战滑翔,到后来滑翔机的发明,人们发明了各种各样的飞行器。但这些飞行器都没有动力装备,只是借助风力飞行。后来,莱特兄弟发明了"飞行者一号",这是首架动力飞机。虽然飞行时间较短,但在 1903 年首次实现了载人飞行。

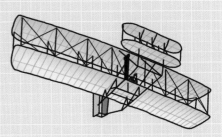

 飞机飞行所需要的四种力是什么?

飞机飞行需要浮力、推力、阻力和重力。浮力是托起飞机向上飞行的力,产生于机翼。推力是使飞机前行的力,产生于发动机中。阻力是与推力作用方向相反的力,在飞机减速和着陆时起着重要作用。重力是地球对飞机的吸引力,保证飞机在一定的高度内飞行。

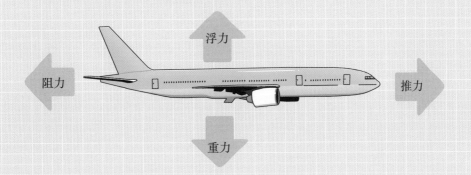

我想造飞机!

第2章

仔细观察飞机的每一个部位

"天天，听完我们的故事感觉怎么样啊?"威尔伯**探**过脑袋问道。

"我特别佩服那些造飞机的人。等我长大了，我也要造飞机!"

"别把造飞机想得那么简单。如果不了解透彻是绝对不行的。"

"造飞机需要很多技术和工程知识，可不是什么人随随便便就能成功的，我劝你还是放弃吧。"莱特兄弟以嘲笑的口吻说道。

天天听了，小嘴一**瘪**，两眼眼泪**汪汪**，泪水在眼圈里打转。为刚才那些话，莱特兄弟有些后悔。

"哥哥，我们以前不是也像他一样吗?"

"是啊，当时所有人都嘲笑我们，说我们造不出飞机。"

"我们来帮帮天天吧。"

两个人握了握手，相互交换了眼神，并对天天说:"好吧，我们来帮你造飞机! 加油!"

"不过，你想造什么样的飞机啊?"

听莱特兄弟这么一问，天天随手画了一幅图递给他们。

"我想造这样的飞机，名字就叫龙斗士，怎么样?"

"哈哈哈，我们还是第一次见到形状这么奇怪的飞机。"

"是啊! 头这么大，肚子像波浪一样**起起伏伏**，尾翼这又是什么呀？像扇子一样。"

莱特兄弟笑得眼泪都出来了。

"你坐过飞机吗？"

"坐过，好像有两次。"天天眨了眨**圆溜溜**的大眼睛回答道。

莱特兄弟一听，用手掌拍了一下额头，很无奈地说："天啊！那你现在连飞机的'飞'字都不知道是怎么回事呢！"

"飞机不是有机翼和引擎就行了吗？"天天露出一副不满的神情。

莱特兄弟不屑地说："喂，助手！飞机可不是像你想得那么简单的。机身和机翼就不用说了，除此之外，还需要着陆装置、动力装置、燃料箱等等。"

天天好像明白了似的，眨了眨眼。

"这样可不行，你跟我来。"

威尔伯一击掌，突然一个巨大的飞机模型呈现在眼前，他用手指着机身说："这个叫作机身，机身就是飞机的身体。机身由主翼、尾翼和机轮组成。"

"为了减少空气阻力，机身都被制成**平滑的**流线型。"

天天目不转睛地看着。机身内有乘务员舱、乘客舱和运载货物的空间。

"飞机的机身通常有 2–3 层。1 层一般是运载货物的货舱，2 层是搭乘乘客的客舱，机身最前端有驾驶舱。为了让飞机安全飞行，驾驶舱里有 200 多种操控设备。"原本一直不耐烦的威尔伯突然慢条斯理地讲了起来。

"我一直很好奇，尾翼一定要做成这种形状吗？"

听天天这么一问，威尔伯**突然**指向垂直型的立尾，奥维尔也"啪"地拍了一下水平尾翼。

"尾翼是用来保持飞机在飞行中的稳定性，如果没有尾翼，飞机就会倾斜的。"

天天点了点头。

"那么，飞机的燃料储存在哪里呢？"

"大部分飞机的燃料箱是在主翼上。"奥维尔告诉天天，"主翼的功能不仅仅是储存燃料，它还可以制造浮力，是操控飞机必需的设备。"

"可以说飞机就是一个复杂的科学集合体！"

"当然了，所以说我们很伟大呀！"

威尔伯和奥维尔相视一笑，点了点头。

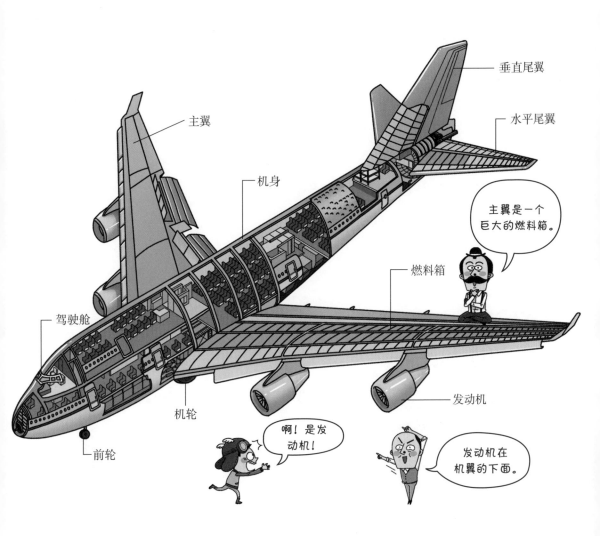

飞机的材料很特别

"你猜，飞机是由什么做成的？"

"大铁块……不是吗？"

威尔伯很坚决地摇了一下头。

"飞机的材料既要轻，又要**结实**，主要是由铝合金、钛合金、特殊钢和塑料制成的。"

"好难啊，好多都没听过。"

"嗯，这些材料你肯定不熟悉。不过，这个名字倒是蛮有趣的。"

奥维尔用手指了指天空，突然从天空中掉下来一个类似螺栓的东西。

"这个叫杜拉铝。杜拉铝像钢铁一样**坚固**，但重量却是钢铁的三分之一。它有一个弱点，就是不耐热。"

用杜拉铝制造的飞机配件很多。

SR-71飞机是美国高空高速侦察机，全身以钛合金作为结构材料，以提高耐热性。

"在天上飞还需要耐热吗？"

"当然啦！飞机飞得越快，与空气的摩擦力就越大，它表面的温度也就越高。"

"弄不好的话，飞机上天后就变成烤鸭了！"

"**哈哈，不要担心。**因为我们找到了更加耐热的材料——钛合金。钛合金的主要特点就是耐热。"

"但是由于钛合金的价格昂贵，加工程序复杂，所以只用在关键的地方。"

"看来钛不是常见金属啊！"

听天天这么一说，威尔伯**摇了摇头**。一击掌，眼前出现了天天爸爸的眼镜框和高尔夫球杆。

"这些都是用钛合金做的。"

"咦，这是我爸爸的东西。"

"用钛合金做的眼镜框不易变形，高尔夫球杆也很结实，所以十分受欢迎。"

竟然用家里常见的金属制造飞机，天天感到十分惊讶。

47

需要很强的发动机

天天沉思片刻，问道："那么如果想要造飞机的话，多搜集一些用钛合金做的眼镜框和高尔夫球杆就可以了吗？"

"那是远远不够的！"

"那还需要什么呢？"

"就算使用特殊材料把飞机机身造得很轻，如果发动机动力不足的话也是不行的。这样飞机飞行就没有充足的动力了。"

"发动机……"

天天**闪烁着**两只大眼睛。

"1903 年我们兄弟俩安装在'飞行者一号'上的发动机是活塞式发动机。"

"活塞式发动机利用汽缸里的爆发力使活塞上下反复运动，从而使曲轴回转。"

"活塞式发动机现在还在使用吗？"

听到天天的提问，奥维尔似乎又勾起了从前的记忆，目光有些游离。

"活塞式发动机不仅很重，结构也很复杂，安装起来比较困难。在其他发动机发明出来之前，我们不得已才用它的。"

"提速也有限。"

"而且每次使用的时候，发动机都会受损，需要每天维修。"

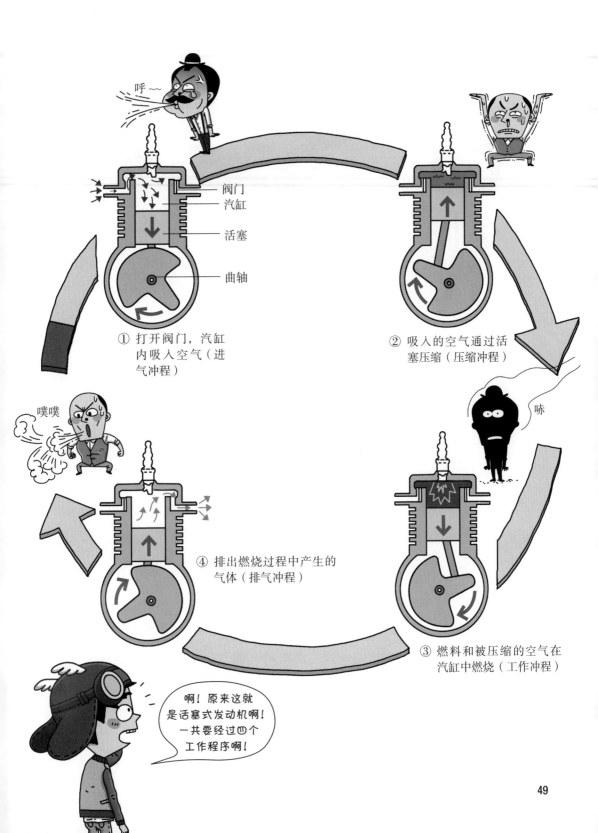

机翼下面就是喷气式发动机。

喷气式发动机

喷气式发动机吸入空气，点燃燃料，排出高温气体，凭借反作用产生推力。

"我们吃了很多苦。"

"看来这个发动机不怎么样。"

听了天天的话，莱特兄弟眉头紧蹙。

天天突然意识到自己说错了话，赶紧把头转向一边。

"后来的人们开始研究更快、更结实的发动机。"

"当然了！谁愿意天天修理发动机啊。"

"你还有没有完了？"

"对不起又打断了你的话！我知道活塞发动机也很厉害。"天天调皮地耍起了贫嘴。

"反正就这样，1930 年科学家发明出了喷气式发动机。"

"就是刚才提到的喷气式发动机吧？那个是不是像火箭一样，起飞的时候会在后面喷出很多气来？"

"没错，火箭上装载的发动机也属于喷气式发动机。"

"喷气式发动机是谁发明的？"

"是英国的发明家弗兰克·惠特尔首先发明出来的，但是装载喷气式发动机首次试飞成功的却是德国的冯·奥安。"莱特兄弟十分平静地讲述着。

"喷气式发动机的优点在于没有速度限制、推力很强，可以让飞机高速飞行。超音速飞机及各种航天装备的开发都得益于喷气式发动机。"

"但喷气式发动机也有缺陷。因为发动机需要吸入空气，所以只能在大气层中使用。所以飞向太空的火箭不仅需要储存燃料，还需要储存氧气。"

"虽然喷气式发动机是一项重大发明，但也不能忘记我们对飞机事业的贡献。"莱特兄弟一字一句地强调道。

飞机诞生

"现在知道飞机是多么复杂的机器了吧？"

嗯……做个什么样的飞机呢？

"这么复杂的飞机是由我们制造出来的！"威尔伯指指自己，竖起了大拇指。

"真是太、太了不起了！"

"飞机不是有了材料就能造得出来的。"

"没错！制造飞机之前，首先要根据飞机的行程、功能和用途来设计外部形状。"

"如果是客机，就不能只考虑速度。"

威尔伯告诉天天，要想制造飞机，需要进行详细的设计，需要设计飞机的内部结构，安排各个零部件的位置。

"现在我们需要对机身的材料、机翼、发动机和

机身用什么材料做呢？

用什么发动机呢？

使用什么零部件呢？

着陆装置等内部结构进行设计。"

　　"在详细设计的基础上，制造出各个零部件，然后……"

　　"是不是马上就可以开始造飞机了？"

　　天天突如其来这么一问，莱特兄弟露出**不悦**的神情。

　　"对不起！我以后不插嘴了，我就安安静静地听着。"

飞机模型做得不错！

我们来好好检查一下零部件的安全性能吧！

　　"助手啊，感觉你现在有点骄傲了。"

　　"我会小心的！"

　　威尔伯训斥完天天，又接着开始介绍："我们也希望马上就可以开始制造，但是制造飞机需要**大笔**资金，所以要慎重。我们先制作了一个飞机模型，一个一个地检查每个零部件的安全性，通过反复试验寻找问题。"

　　威尔伯说，所有这些过程结束，才能真正开始制造飞机。

终于试飞了！可要万无一失啊！

　　"最后就是进行试飞，确认飞机的安全性能。试飞必须由经过特殊训练的驾驶员来完成。"

　　"世上无易事啊！"莱特兄弟美滋滋地自夸起来。

种类繁多的飞机

客机：
运送旅客。

战斗机：
搜索目标并进行攻击。

"飞行技术不断发展，那么飞机的种类也很多吧？"

"当然了！"

莱特兄弟拔了一根天天的头发，"**呼**"地吹了一下。刹那间，六架飞机出现在他们面前。有常见的，也有没见过的。

"飞机总体上分为民用飞机和军用飞机。民用飞机就是我们平时乘坐的那种，军用飞机主要用于军事方面。"

"我们在机场经常见到的客机就是典型的民用飞机，主要用来运送旅客。"

货机：
运输货物。

轰炸机：
投掷炸弹摧毁敌军设施。

预警机：
执行预警和侦察的任务。

运输机：
运送军用物资。

"我也坐过客机！"

"没错。我们出国时通常乘坐飞机。除此之外，还有载运货物的货机和同时载运人和货物的客货两用机。"

"军用飞机根据执行任务的不同名字也不一样。比如负责空中作战的叫战斗机，负责投掷炸弹的叫轰炸机，负责运送军用物资的叫军用运输机。"

"哇！飞机的用途真多呀！"

"还有执行预警和侦察任务的预警机。"

"飞机除了分为军用和民用之外，还有一种划分标准，你知道是什么吗？"

"嗯？大小？颜色？"

"这当然也可以，不过还有一种更特别的分类方法。那就是按照机翼的位置划分。"

"按照机翼的位置进行划分？"

"没错，你看好了！"

威尔伯展开一张纸，**迅速地**画了一幅画。奥维尔在上面认真地涂色。

"哇！你们不仅会造飞机，画飞机居然也这么厉害！"

"那当然，所有有关飞机的事都难不倒我们。"

天天仔细地观察画中的三架飞机。

"机翼在机身上方的叫高翼机。制造浮力的机翼在机身重心上方，飞行起来更加稳定。"

"但是灵活度较差，最近高翼机一般用于水上飞机，机身可以像船一样浮在水面上。"

"低翼机的机翼位于机身下方。低翼机的飞行速度较快，可以轻松变换飞行姿态，而且机翼在机身下方，驾驶员的视野较为开阔。"

天天**仔细**地观察机翼所在的位置。

"中翼机的机翼位于机身中央，是处于高翼机和低翼机中间形态的飞机，便于在机翼下面挂载导弹或炸弹。"

"但是因为中翼机两侧的机翼不是一体，所以制造飞机时机翼与机身要接合紧密。"

"飞机的种类很多吧？"

天天点了点头。

机翼位置不同，飞机优点各不相同。

高翼机：
机翼位于机身上方，稳定性较高，经常用作运输机。

低翼机：
机翼位于机身下方，速度快，灵活性强。

仔细观察机翼所在的位置。

中翼机：
机翼位于机身中央，兼备高翼机和中翼机所有的优点。

直升机的秘密

直升机虽然和一般飞机的形状不太一样，但也是利用浮力升空的飞机。

窄长的机翼位于机身上侧，这种机翼叫作旋翼。直升机是靠旋翼旋转产生浮力升空的。

达·芬奇绘制的草图很完整地展示了直升机的构造。

直升机是人类最早的飞行设想之一。

当然，那时人们还没有掌握制造飞行器的技术，所以不可能实际操作。

尾桨

尾桨可以调节直升机的飞行方向。

水平安定面

水平安定面保证直升机的净稳定性。

达·芬奇想象并绘制的直升机草图。

1900 年以前，因为没有足以带动直升机的超强发动机，所以直升机一直都没有得到发展。1907 年，载人直升机成功实现垂直升空。后来经过不断的发展，直到 1930 年，直升机彻底开始实现飞行。

那么有主翼的飞机和直升机到底有什么区别呢？直升机通过旋翼的旋转获得浮力和推力，从而实现垂直起飞或降落。因此即使在没有跑道的狭窄空间或山间，也能够起飞或降落。

直升机虽然飞行速度较慢，但可以前进或后退，也能够在空中悬停。因此，直升机可以用在救助伤员、运送患者、扑灭山林火灾等各种紧急情况。

旋翼

通过旋翼的旋转获得浮力。

驾驶舱

驾驶员在这里操纵飞机。

着陆轮

着陆轮

本章要点
回顾

飞机机身为什么是流线型的?

飞机机身大部分都是平滑的流线型,这种设计是为了减少飞机快速飞行时来自空气的阻力。飞机的机身叫作机体。从驾驶员工作的驾驶舱到尾翼部分,整个机身好像鲸鱼一样,呈平滑的流线型。鲸鱼的身体也是流线型,可以减少海水的阻力。

飞机是用什么材料做成的?

制造飞机的材料既要轻,又要结实。为了减少重力的影响,必须尽量使用较轻的材料。但是出于安全的考虑,材料又必须坚固。无论受到何种外部压力,都不能轻易变形;即使略有变形,也要能迅速恢复至原来的形状。这样的材料有铝合金、钛合金、特殊钢、塑料和杜拉铝等。

制造飞机需要哪些过程？

　　首先根据飞机的行程、功能和用途来设计外部形状；然后在此基础上设计飞机的内部结构；为确保每个零部件的安全性，先制作模型飞机并充分测试每个零部件的状态；最后由受过特殊训练的驾驶员试飞，确保飞机安全无误后，才能正式投入制造。

 根据主翼的位置，飞机如何分类？

　　根据主翼位置的不同，飞机可以划分为高翼机、低翼机和中翼机。高翼机的主翼位于机身上方，稳定性较高。低翼机的主翼位于机身下方，可以轻松变换飞行姿态。中翼机的机翼位于机身中央，安全性能好，飞行速度较快。

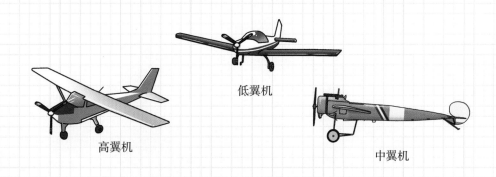

低翼机

高翼机

中翼机

洞悉飞机内部的奥秘

第 3 章

隐藏在机翼里的图形

"助手，你数学学得怎么样？"奥维尔**突然**问道。

"我的数学还是不错的，这次考试得了 90 分呢。"

"噢，挺厉害嘛！"威尔伯摸了摸天天的头。

"你突然问这个干什么？"

"飞机的结构以及飞机在跑道上行驶的速度，都和数学有着密切的联系。"

"你知道飞机的机翼里隐藏着很多图形吗？"

一提到图形，天天就大脑**发蒙**。

奥维尔告诉天天，如果仔细观察飞机的翅膀，会发现翅膀的内部是像蜂巢一样的正六边形。

"为什么不是三角形或四边形，而是正六边形呢？"

"因为正六边形可以将平面毫无缝隙地铺满。"

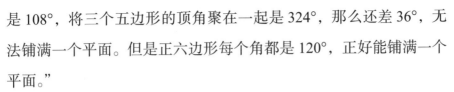

"其他的图形不可以吗？"

"不行。我们拿正五边形举个例子吧。多边形里有一个角叫作内角，正五边形的一个内角是 108°，将三个五边形的顶角聚在一起是 324°，那么还差 36°，无法铺满一个平面。但是正六边形每个角都是 120°，正好能铺满一个平面。"

"那正四边形不是也可以吗？"

"当然可以，但是如果用正四边形，需要的材料要比正六边形多。而且没有正六边形坚固，抵抗冲击的能力也不够强。"

奥维尔告诉天天，由正六边形组成的结构即使受到外部的冲击也不容易轻易变形，而且用料最少，经济实惠。

速度很重要

"飞机的数学知识也不难嘛！刚才你讲的图形我都理解了！"

听到天天一副自信的口气，莱特兄弟不屑地说："你知道飞机起飞时需要数学计算吗？"

"什么？计算？我会算术。"

天天**下意识**地咽了一口口水。

"影响飞机起飞最重要的因素就是在跑道上滑行的速度。只有达到一定的速度，飞机才能有足够的升力从地面起飞。"

威尔伯还告诉天天，飞机在跑道上滑行时，有一个决定驾驶员是否要起飞的速度。这个速度就是起飞决断速度。"

"如果达到了决断速度，驾驶员会继续加速，离地起飞。这时的

滑行，滑行，直到达到起飞决断速度！

达到起飞决断速度了，准备起飞！

速度叫作起飞抬前轮速度。达到起飞抬前轮速度之后，驾驶员就会将飞机前轮抬起。如果超过了起飞决断速度还不起飞的话，飞机就会冲出跑道发生事故。"

天天吓得打了个寒颤。

"不用担心，驾驶员都是经过专业训练的，不会让这样的事故发生。"

"飞机起飞后，驾驶员需要让飞机保持一定的安全飞行速度，保证安全飞行，直到到达目的地为止。"

"哦，原来为了保证安全飞行，驾驶员需要好好计算速度才行呀！"

隐形战斗机里的数学之谜

天天与莱特兄弟聊得正起劲，突然电话铃响了，是爸爸打来的。

"爸爸，因为天气原因，到现在还没有出发。"

"我正要跟你说这件事呢。这次你别来了，下次再来怎么样？"

"为什么？"

"这里出了点事。就算你来了，爸爸妈妈也不能去机场接你了。"

爸爸说没有时间跟天天详细解释，匆匆挂断了电话。一时间，天天失望地眼泪在眼圈里**打转**。

"如果我们的小助手能偷偷起飞，'嘣'地一下出现在爸爸妈妈面前就好了！"威尔伯用手托着下巴自言自语道。

"偷偷地？呵呵，倒真是有一种不被雷达发现的方法。"奥维尔**恶作剧**似的说。

"助手，你听过隐形吗？"

"隐形？"

"意思就是'秘密的方法'，也是一种防止被雷达探测到的技术。采用这种技术制造的飞机叫作隐形机。"

威尔伯告诉天天，如果想了解隐形机，就要首先了解角。

"直角是 90°，锐角是小于 90° 的角，钝角是大于 90° 的角。"

"这个我也知道。"

"这个是最基本的。你知道什么是入射角和反射角吗？"

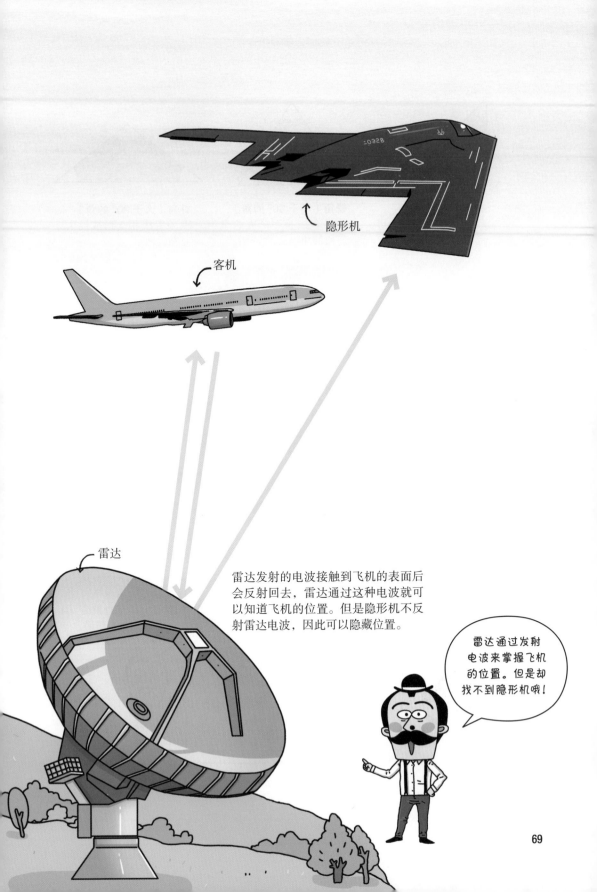

隐形机

客机

雷达

雷达发射的电波接触到飞机的表面后会反射回去，雷达通过这种电波就可以知道飞机的位置。但是隐形机不反射雷达电波，因此可以隐藏位置。

雷达通过发射电波来掌握飞机的位置。但是却找不到隐形机哦！

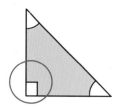
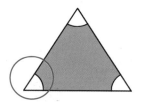

直角（90°）
两条直线垂直相交形成的角。

锐角（小于 90° 的角）
两条直线相交形成的小于直角的角。

钝角（大于 90° 的角）
两条直线相交形成的大于直角的角。

"不知道。"

威尔伯在纸上唰唰地划了几条线。

"入射角是光线照射在物体上时出现的，是与物体表面垂直的线同光线之间的夹角。反射角是光线反射出去时产生的角。"

威尔伯告诉天天，雷达发射的电波接触到物体表面并反射回来，雷达通过电波返回的时间与角度来掌握飞机的位置。而隐形机通过各种方法阻止电波反射，所以雷达无法掌握其位置。

"隐形机的表面涂了一种能够吸收电波的特殊涂料，即使电波接触到飞机表面，也能够将其反射到其他位置。"

入射角，反射角！我以前都没听说过！

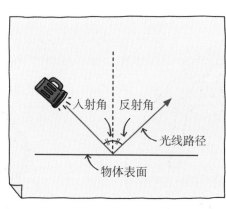
入射角　反射角
光线路径
物体表面

入射角和反射角的大小相同。

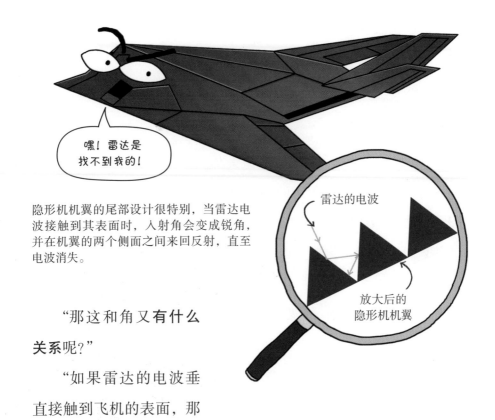

嘿！雷达是找不到我的！

雷达的电波

放大后的
隐形机机翼

隐形机机翼的尾部设计很特别，当雷达电波接触到其表面时，入射角会变成锐角，并在机翼的两个侧面之间来回反射，直至电波消失。

"那这和角又**有什么**

关系呢？"

"如果雷达的电波垂直接触到飞机的表面，那么入射角和反射角都变成0°。也就是电波按照发射的方向原路返回，这样就能轻易发现飞机位置。"

"所以制造隐形机时，将雷达电波的入射角设计成大于0°、小于90°的锐角。"

"如果雷达电波的入射角是锐角的话，电波不会反射回雷达，而是反射到其他方向，然后在飞机的表面**四处**反射，直至最终彻底消失。"

寻找重心

"让我看看，这次我们需要一撮头发……"

威尔伯一把抓住了天天的头发，头发一根根掉落下来。天天**眼泪汪汪**地看着威尔伯。

"我们就用它来造飞机。"

威尔伯两手一拍，一架飞机呈现在眼前。

"哇！这架飞机可以带我去找爸爸吗？"

"现在还没有彻底完成。"

"还需要什么？"天天指着眼前这架看上去**好好的**飞机问道。

"还需要计算飞机的重心。飞机要想安全飞行，必须找准重心。"

飞机重心靠前时，阻力变大，燃油消耗量多。

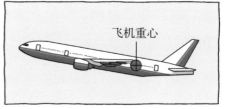

飞机重心靠后，遭遇强气流时，飞行颠簸。

72

"重心是物体各部分所受重力的合力着用点。因此制造飞机时，需要确定飞机各部分的重量以及重心。"

"这个要怎么**确定**呢？"

"首先在设计飞机时，事先要设定好飞机的重心，在这个基础上，安装各个设备和零部件。装运货物和运载乘客时，也要检查好飞机的重心。"

"我来教你一个计算重心的方法。认真看！"

威尔伯在纸上写起了公式。

寻找重心位置

甲和乙之间的距离是 10 米，甲是 6 千克，乙是 4 千克。
问甲与重心之间的距离是多少？

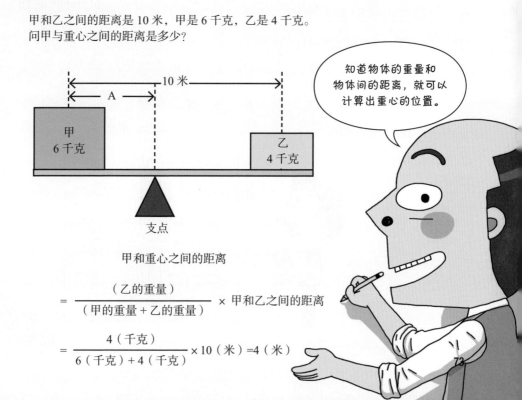

甲和重心之间的距离

$$= \frac{（乙的重量）}{（甲的重量 + 乙的重量）} \times 甲和乙之间的距离$$

$$= \frac{4（千克）}{6（千克）+ 4（千克）} \times 10（米）= 4（米）$$

飞机是轴对称图形

"从上面俯视飞机会是什么样子呢?"

"应该很酷吧!"

天天的回答让莱特兄弟很意外。

"那是当然,不过除了这个,再想不出别的了吗?"

"嗯……想不出来了。"

天天挠挠头,抬头看了一眼莱特兄弟。莱特兄弟突然抓住天天的手,一跃飞上了天空。

"看看下面的飞机。"

奥维尔拍了一张飞机的俯视图,天天似懂非懂地歪着小脑袋。奥维尔把照片打印出来,左右对折。

从对称轴到尾翼,两端的距离相同。

嚓!

对称轴

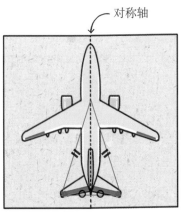

"你在干什么？"

"让我的小助手看看飞机的轴对称。"

"轴对称是不是把一个图形沿着某一点、某一条直线或者某一个平面折叠，与另一个图形完全重合？"

"哇！你知道呀！"

奥维尔对天天说："飞机的翅膀呈左右对称，飞机的机身正好在对称的中心线上。飞机的机身就是两个翅膀的对称轴。以对称轴为中心，飞机的两侧完全重合。"

"必须要完全重合吗？"

"是的。如果机翼不以机身为中心左右对称的话，那么飞机就会倾斜，不能安全飞行。所以在造飞机的时候，一定要严格检查左右两侧是否**对称**。

"哎哟！制造飞机比我想象中困难多了。"

"当然了，飞机可不是那么简单的机器。"

"制造飞机估计需要很长时间，这件事还是以后再说吧，我要先去见爸爸妈妈！"

"是啊，我们制造飞机也不是一帆风顺的，都是通过不懈努力的结果。"莱特兄弟**自豪地**说。

哇！飞机原来是左右对称的呀！

小实验

折叠纸飞机

所需材料:

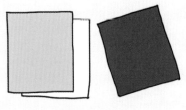

长方形彩纸

长方形彩纸（只要有彩纸，就可以做左右对称的纸飞机了。）

做法:

1. 将长方形纸对折后打开，就会出现两个全等的长方形。

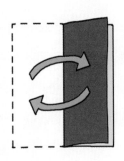

全等长方形是指形状、大小完全相同的图形。

全等三角形 A　全等三角形 B

2. 将纸上端的两个角对准折线下折，折叠出两个完全相同的全等三角形 A 和 B。

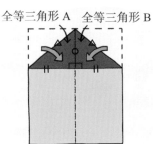

全等三角形 A 和 B 中分别有一个角是直角，三条边中有两条边的长度相同，所以全等。

3. 以折线为中心折叠出机翼，然后再沿中心对折。

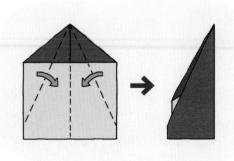

两边机翼对折，所以大小完全重叠是吧？

4. 如图所示，两侧机翼按对角线向下折叠。

5. 将按对角线折叠的一面垂直打开，就会出现对称的机翼，纸飞机做完啦!

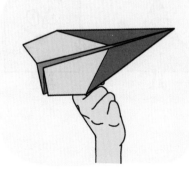

实验结果：

将纸飞机抛入空中，飞机能在天空中保持平衡飞行。这是因为折叠时，以机身为对称轴，左右对称。

本章要点
回顾

 什么是多边形?

　　多边形是由三条或三条以上的线段首尾顺次连接所组成的平面图形。按照边数的不同,可以分为三角形、四边形、五边形,六边形等。三角形有三条边和三个内角,四边形有四条边和四个内角,五边形有五条边和五个内角,六边形有六条边和六个内角。

我是三角形。
我是四边形。
我是五边形。
我是六边形。
内角
边

 如何计算角的大小

　　量角器可以计算角的大小。量角器是半月形的塑料板,上面刻有度数。测量角度时,首先,将量角器放在角的上面,使量角器的中心和角的顶点重合;然后,使零度刻度线与角的一边重合;最后,角的另一条边所对应的量角器上的刻度,就是这个角的度数。

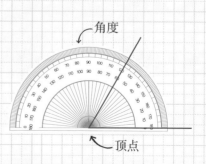

角度

顶点

什么是锐角?

　　90° 角是直角,小于直角的角是锐角,大于直角的角是钝角。三角形按照角的大小来分类,三个角都是锐角的三角形叫作锐角三角形,有一个角是钝角的三角形叫作钝角三角形,有一个角是直角的三角形叫作直角三角形。

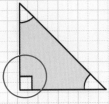

直角(90°的角)

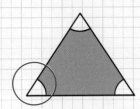

锐角(小于90°的角)

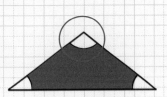

钝角(大于90°的角)

  ## 什么是对称?

　　简单来说,对称就是一个图形沿着一条直线对折后,两部分完全重合。正三角形、正四边形、等腰直角三角形等都是对称图形。除了这些简单的图形外,对折后完全重合的也都可以称作对称。将从高空拍摄的飞机俯视图左右对折,图片两侧完全重合,即,飞机也是左右对称图形。飞机只有左右对称,才不会向一侧倾斜,从而保持平稳飞行。

爸爸, 我来啦!

第4章

出发，去机场！

"终于可以坐着这架飞机去找爸爸妈妈了！它会把我安全地送到目的地吧？"

天天兴奋地喊道。一想到马上就要飞上蓝天了，他高兴地不得了。

"当然了！出发，莱特兄弟制造的新飞机，起飞啦！"

莱特兄弟指着飞机大喊一声。

可是不知道怎么回事，飞机刚飞了不到 5 分钟就又落回来了，"轰"地一声在空中翻了几个跟头掉到地上。

"怎么啦？"

"竟然又出现这个问题了。"

"那现在该怎么办呢？"

天天**不明所以地**看着眼前发生的一切。

"坏了吗？"

"可能吧。"

"那现在该怎么办呢?"

莱特兄弟面无表情地看着眼前这架坏掉的飞机,沉默了许久。

看到一直十分健谈的莱特兄弟突然一言不发,天天不知所措起来。其实,他更担心会见不到爸爸妈妈,眼泪簌簌地掉落下来。

"别哭了。不管怎么样,我们都会把你送到美国**去的**。"

"是的,我们一定会和你一起回到我们的祖国——美国。"

"怎么回啊?"

听天天这么一问,莱特兄弟陷入沉思,好像要做出什么重大决定似的,咬着嘴唇。天天心里想,如果是又要拔头发的话,别说几百根,几千根都可以。可是莱特兄弟却并没有再拔天天头发的打算。

"那只有最后一种办法了。"

"什么办法?"

"去机场呀!我们的飞机坏了,那就只能用你爸爸给的机票去了。那样的话,我们得先去机场啊。"

莱特兄弟把行李**一件一件**装进箱子。天天双手交叉放在胸前,在一旁看着他们。

"咳,那一开始就去机场不就行了吗?"

"你太小看机场了,机场可不是你想象的那么简单!"

"没错!你爸爸不是说没有时间去机场接你,让你不要去了嘛!"

"我也去过机场,哪有那么麻烦啊!"

天天不高兴地撅起了小嘴。

机场的那些事

"你先把眼睛闭上。"

突然，威尔伯**啪**地拍了一下天天的额头，又拔掉几根头发。动作太迅速了，天天连**"疼"**都没来得及喊。

突然，眼前出现了一片喧闹的景象。

"哇，这就是机场了呀。"

跑道

停机坪

"哈哈，没有我们办不到的。"

天天环顾四周，有准备起飞的飞机，有在跑道上滑行的飞机，还有远处的塔台在**闪闪发光**。

"机场是飞机起飞和降落的地方。"

"每个国家的机场都是一样的吗?"

天天看看眼前的机场问道。

85

飞机在停机坪装载货物、运载乘客。

　　"国际机场都差不多，因为是政府指定的，为便于往返世界各国的飞机都能够降落。"奥维尔慢条斯理地说道。

　　"国际机场设有海关、出入境管理和检疫，还有为飞机安全起飞和着陆准备的跑道、停机坪、滑行道和塔台等配套设施。"威尔伯也突然冒出来说。

　　"停机坪是什么？滑行道又是什么？"

　　"停机坪是运载乘客或装运货物的地方。"

　　"飞机做好起飞准备后，从停机坪到跑道之间慢慢移动的地方就是滑行道。"

　　看着停机坪、滑行道和跑道的天天突然感到好奇，道路上一个信号灯都没有，万一飞机相撞发生事故怎么办呢？

奥维尔似乎读懂了天天的心思说："塔台会观测情况并及时发出信号的，没关系。"

"塔台？"

"嗯，你看到那个**高高**的塔了吧？在塔的顶端可以看到整个机场。这个塔就叫作塔台，负责管制所有飞机安全运行。"

"所有的飞机起降时都需要向塔台汇报，获得许可。"威尔伯又补充了一句塔台是多么重要。

"所以这么多的飞机才能够安全起降啊！"

塔台掌握飞机运行的所有信息，并通过下达起降指令，管理机场的整个交通。

哇！这可不是一般的路啊！

飞机从滑行道向跑道移动，准备起飞。

莱特兄弟带着天天来到一个又宽又长的跑道上。

"这里不是**飞机跑道**吗？"

"没错，是飞机起飞或降落的场所。"

"不过，你知道跑道方向会根据风向发生变化吗？"

"根据风向变化？"

天天还是头一次听说，两只大眼睛**一闪一闪的**。

"跑道方向主要根据风向来选择。飞机起飞时，要选择风从飞机后侧向前吹的方向，降落时，要选择风从飞机前面向后吹的方向。"

"主要是为了防止飞机起降时受风力影响发生事故。"

威尔伯**惋惜地**说："飞机事故多半是在跑道上发生的，飞机起降可不是一件容易的事。"

"世界上刚有机场的时候，跑道比现在还多。"

"为什么呢？现在的飞机不是更多吗？"

"虽然现在飞机很多，但不需要太多跑道。因为可以调整出发时间，使用同一条跑道。"奥维尔**神采奕奕**地说道。

接着，威尔伯**又**补充说："最初的飞机比较轻，容易受风力的影响。因此必须顺着风力的方向，避免风力阻碍，保证任何方向都可以起降。这样就需要很多条跑道。"

"但现在飞机重量逐渐增加，受风力影响较小，所以现在的机场一般只有两条跑道。"

天天呆呆地看着笔直的跑道，突然想起马上就能见到爸爸了。

"我们什么时候去坐飞机呀？"

莱特兄弟明白了天天的心思，拍了拍他的肩膀。

即将起飞的飞机在跑道上慢慢滑行。

出境与入境

"你先跟我来。在机场坐飞机出国前一定要办理出境手续。换好登机牌之后选座位，然后将需要放到货舱的行李办理托运。除了必需品之外，其他行李都需要放到货舱。"

威尔伯走在前面带路。

"知道了，办理完行李托运就可以坐飞机了吗？"

"还早着呢。"天天一个劲地催促，奥维尔也有些不耐烦了。

天天不知道坐飞机之前还需要办这么多事情，变得**急躁起来**。

"下一步我们要去出境大厅，得提前准备好护照。"

"护照是在国外证明身份的一种证件。只要离开自己的国家，都需要护照。"

"上次坐飞机的时候就办好护照了，只要有护照就可以登机了吗？"

"就知道你会这么问！还早着呢！"

天天一听还需要其他手续，心里顿感失望。他感觉这样下去，一天什么都不用干了。

"检查完护照，就要过安检了。为了保证所有乘客的安全，机场的工作人员会检查乘客是否携带危险物品或非法物品等。"

"安全第一嘛！这个我也知道。"

"没错。安检结束后，要向边检工作人员出示你的护照和登机牌，然后就可以去候机厅了。"

"在那里等待登机就可以了。"

"吁！"天天长长地呼了一口气。

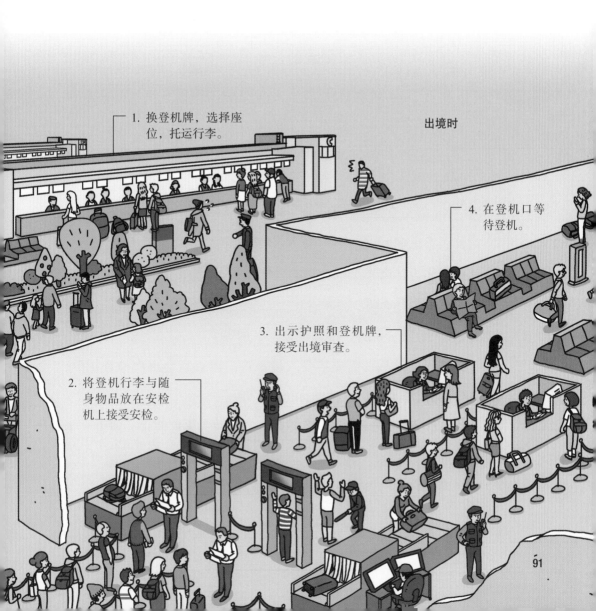

1. 换登机牌，选择座位，托运行李。

出境时

4. 在登机口等待登机。

3. 出示护照和登机牌，接受出境审查。

2. 将登机行李与随身物品放在安检机上接受安检。

光与莱特兄弟事先核实在机场需要办理的各种手续已经让天天**晕头转向**了。

"登机后，要在登机牌上指定的位置坐好，并系好安全带。"

"所有乘客登机结束后，乘务员会进行几项安全检查。随着机内的广播，飞机缓缓开始移动。待塔台给出信号后，飞机就可以起飞了。"

"现在全部结束了吧？"

"嗯，在到达目的地之前**好好休息**就可以了。"

天天想从现在开始就算他一个人去机场，也能飞去美国了。但没想到莱特兄弟告诉他，到达目的地后，还会有好多情况发生。

"What is the purpose of your visit?"

"什么？"

莱特兄弟又重复了一遍。

"什么意思啊？"

"我问你为什么来美国？目的是什么？"

"问这个干什么呀？"

天天一时**慌了手脚**，不知道该怎么回答。

"到达目的地后，需要接受入境审查。审查官会再次检查护照，并简单询问入境原因后，才能许可你入境。"

"你可以说几个理由，什么来看望父母啦，来度假啦，或者来美国旅游。"

莱特兄弟你一言我一语，把出入境过程详细地讲述了一遍。

"最后，去行李输送转盘领取自己的行李就可以离开机场了。你爸爸不让你来美国，可能就是担心你自己一个人应付不来这些事情。"

　　天天现在终于稍稍体谅到了爸爸的用心。

　　"但是现在我好像一个人都可以做了。"

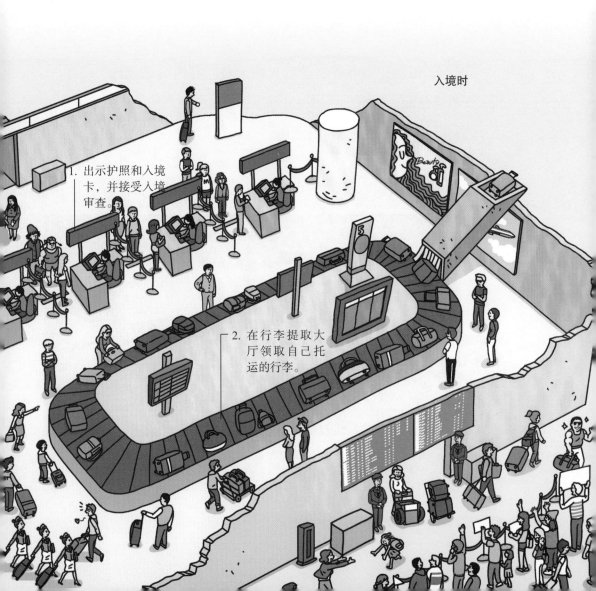

入境时

1. 出示护照和入境卡，并接受入境审查。

2. 在行李提取大厅领取自己托运的行李。

机场的工作人员

"我可不可以找机场工作人员帮忙呢?"

莱特兄弟**点了点头**。

"可以,但是每个人负责的工作不一样,不是所有事情都能帮上忙的。"

"负责的工作不一样?"

"是啊,机场里有各种各样的工作人员。有飞机驾驶员、乘务员、飞机维修师、航空交通控制员等等,很多人在机场工作。"

"你知道操控飞机的人叫什么吗?"

这么大的飞机竟然只有机长和副机长两个人在操控,难道不神奇吗?

飞机驾驶舱操纵室里,两名驾驶员在做起飞准备。机长和副机长负责整架飞机的安全运行。

天天觉得威尔伯问的问题简单极了，张口就说："哎，这个我知道！叫驾驶员！"

"没错。我们在机场经常乘坐的飞机叫客机，客机里一般有机长和副机长。"

"两个人负责的工作不一样吗？"

"机长负责与飞机相关的一切事务，并指挥乘务员。机长在飞机起飞前要确认飞行计划、目的地、气象条件、飞行线路等，并与塔台互通信息，负责与飞行相关的一切事务。"

"副机长辅助机长，确保飞机安全到达目的地。随时检查飞机燃油是否充足，机内气压是否稳定等。"

"这些也很重要吗？"

"当然了！"

奥维尔告诉天天，机长和副机长负责的工作都很重要。

"怎样才能成为一名飞机驾驶员呢？"

"当然要好好学习才行啊。"

"哼……又来了！"

天天撇了撇嘴。

"要想成为一名飞机驾驶员，就要学习和飞机有关的全部知识。而且需要通过充分的飞行训练，培养运动细胞。"

"为什么需要运动细胞呢？"

"当发生特殊情况的时候，需要飞机驾驶员具备迅速、沉着冷静处理问题的能力和很强的判断力。"

"原来如此……"

"飞机上，除了驾驶员，乘务员负责的工作也很重要。"

"上次坐飞机的时候，乘务员姐姐特别亲切。乘务员的工作不就是在飞机上为我们提供服务的吗？"

"不，不，绝对不是。"

"乘务员负责保障乘客的安全与便利，要做的事情很多。"

"在乘客登机之前，乘务员要仔细检查飞机内部。为了在整个飞行期间保证乘客的舒适和愉悦，还会进行各种各样的准备。在发生突发事件时，乘务员还会保护乘客的安全，并进行紧急救援。"

"除了驾驶员和乘务员，没有其他的与飞机相关的职业了吗？"

乘务员在发放机内餐，他们负责协助机长，为顾客提供各项舒适的飞行服务。

"当然不是！飞机维修师、空中交通管制员、航空工程技术人员、海关人员……与飞机相关的职业数不胜数。"

　　"原来是这样啊。"

　　"飞机维修师可以说是保证飞机安全飞行的幕后工作者。负责检查并修理飞机，以确保飞行安全。"

　　天天一下子眼睛睁得大大的。他觉得为了无数乘客的安全，检查并修理飞机的工作简直太帅了。

　　"要想成为飞机维修师，需要特殊的资质。必须要通过飞机维修工程师等专业考试。"

飞机维修师检查并修理飞机，以保证飞机的安全飞行。

"那么空中交通管制员是干什么的呢？"

"负责调整航空交通流量。管制员将跑道情况和气象信息告知驾驶员，以保证飞机起降安全。"

"还负责决定飞机起降顺序，通过雷达收集飞机运行信息并转告驾驶员，通过调整航空交通流量，防止飞机之间发生冲突。"

天天对空中交通管制员产生了兴趣。

"空中交通管制员都需要具备哪些能力呢？"

"因为要管理各个国家来往的飞机，所以需要具备一定的外语能力，而且还应掌握尖端设备的使用技术。"

"助手，有没有你感兴趣的职业？"威尔伯**突然**插了一句。

"我想当空中交通管制员，可惜我不喜欢英语。"

"还有一个叫航空工程技术人员的职业，是负责设计并制造飞

空中交通管制员负责管制飞机起降及飞行安全。

英语好难！

哇!

航空工程技术人员设计并制造飞机。

机的。"

"其实我们俩也算是航空工程技术人员吧,我们制造飞机,通过反复试验,找出问题并改进。"

"机场还有海关,负责检查来往人员的携带品和进出口货物。"

"刚才在检查台上看到的那个检查行李的大叔也是海关人员吗?"

"没错,海关人员负责检查乘客的行李中是否含有禁止携带出境的物品或非法物品。"

天天陷入沉思,心里**萌生了一个小小的梦想**:长大以后,要在制造飞机或者能接触到飞机的地方工作。

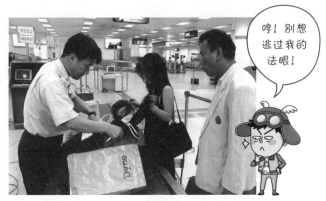

哼!别想逃过我的法眼!

海关人员负责检查出入境货物并进行税收管理,检查乘客的背包和随身物品。

坐上飞机出发喽！

那天晚上，天天给爸爸打了个电话。

"爸爸，我现在自己一个人也可以去美国了，求求你让我去吧。"

"在机场办理出入境手续很麻烦的，你自己可以吗？"

"可以！我已经练习很多次了。"

爸爸千叮咛万嘱咐，最后终于同意了。几天后，天天和莱特兄弟来到机场，办理完出境手续后登上了飞机。

"飞机马上就要起飞了，心情怎么样啊？"集邮册里传来了莱特兄弟熟悉的声音。

"心情好激动啊！"

"我们也一样。每当飞机起飞的时候，我们的心都激动地怦怦直跳。"

"正是这种心情支撑着我们不断努力、永不放弃。"

"我也是！我想和飞机永远在一起。"

听了天天的话，邮票上的莱特兄弟露出了欣慰的笑容。

飞机在跑道上飞快地跑了起来，慢慢地飞上了天空。

天天紧紧地捧着集邮册，望向窗外，感慨万千。

本章要点
回顾

飞机起飞和降落需要什么设备？

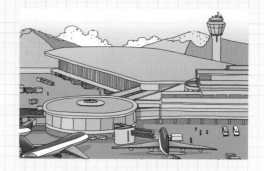

飞机要想安全起降，需要停机坪、滑行道、跑道和塔台等。停机坪是运载乘客或装运货物的地方；滑行道是介于停机坪和跑道之间的路；跑道是飞机起飞或降落的地方；塔台是一种航空运输管制设施，用来检测飞机是否安全运行、传达各种信息，位置较高，可以看到机场全貌。

如何确定跑道方向？

跑道方向主要根据风向来选择，飞机起飞时，要选择风从飞机后侧向前吹的方向，降落时，要选择风从飞机前面向后吹的方向。这样能够减少风对飞机起降的影响。

驾驶员做什么工作?

驾驶员负责驾驶飞机。客机驾驶员负责将乘客和货物安全送达目的地。客机通常有机长和副机长,机长负责与飞行相关的一切事务并指挥乘务员,副机长负责检查燃油量、机内气压等各项事宜,协助机长安全驶达目的地。

空中交通管制员负责什么工作?

空中交通管制员负责调整航空交通流量。管制员将跑道情况和气象信息告知驾驶员,以保证飞机起降安全。同时还负责决定飞机起降顺序,通过雷达收集飞机运行的信息并转告驾驶员,防止飞机之间发生冲突。

核心术语

动力：
使机械做功的各种力或产生力的来源。

雷达：
对物体进行微波照射并接收其回波，由此获得目标的状态、位置等信息的电子设备。

重心：
地球对物体中每一微小部分引力的合力作用点。

密度：
物质每单位体积的质量。

反射：
光线或电波等照射到物体表面并返回的现象。

飞机：
利用动力旋转螺旋桨或喷出气体产生浮力，在天空飞行的航空器。

压力：
指在两个物体的接触表面产生的作用力或垂直作用力。

浮力：
浸在液体或气体里的物体受到液体或气体向上托的力。飞机的机翼产生浮力，使飞机飞行。

发动机：
将热能、电能、水能等转换成机械力的装置。一般通过燃烧燃料产生动力。

热气球：
通过加热大气球里面的空气，使空气密度减小，气球升空。

流线型：
为减少水或空气的阻力，通常前面部分呈曲线形，越到后面越尖。

起飞：
飞机离开地面升空的动作。

重力：
物体由于地球的吸引而受到的力。

着陆:
飞机从空中向跑道或平地下降的动作。

推力:
利用螺旋桨旋转或喷射气体推进物体向前的力。

曲轴:
将往返运动变成回转运动的机械回转轴。

钛合金:
坚固且不易腐蚀的白色金属,是飞机机身的主要材料。

螺旋桨:
通常由两个以上的叶片组成,将发动机的回转力转变成推力,使飞机或船向前推进。

活塞:
在汽缸中做反复运动的机件。

合金:
由两种或两种以上的金属与金属或非金属经一定方法合成的新金属。

飞行器:
可以运载人或物体在空中飞行的器械。有飞机、飞船和热气球等。

阻力:
物体在空气或水中前行时受到的相反方向的作用力。

跑道:
机场中,飞机起飞或降落时所使用的路。

图书在版编目（CIP）数据

　　要坐飞机 /（韩）吴允静著；（韩）赵娴淑绘；刘奔译 .
—上海：上海科学技术文献出版社，2021
　　（百读不厌的科学小故事）
　　ISBN 978-7-5439-8203-1

　　Ⅰ . ①要… 　Ⅱ . ①吴… ②赵… ③刘… 　Ⅲ . ①飞机—儿
童读物 　Ⅳ . ① V271-49

中国版本图书馆 CIP 数据核字（2020）第 200478 号

Original Korean language edition was first published in 2015
under the title of 비행기를 탈거야! - 틈만 나면 보고 싶은 융합과학 이야기
by DONG-A PUBLISHING
Text copyright © 2015 by Seo Ji-weon, Cho Seon-hak
Illustration copyright © 2015 by Kim Hye-yeon
All rights reserved.

Simplified Chinese translation copyright © 2020 Shanghai Scientific & Technological Literature Press
This edition is published by arrangement with DONG-A PUBLISHING through Pauline Kim Agency,
Seoul, Korea.

No part of this publication may be reproduced, stored in a retrieval system
or transmitted in any form or by any means, mechanical, photocopying, recording,
or otherwise without a prior written permission of the Proprietor or Copyright holder.

All Rights Reserved
版权所有，翻印必究

图字：09-2016-379

选题策划：张　树
责任编辑：王　珺　　罗毅峰
封面设计：徐　利

要 坐 飞 机
YAO ZUO FEIJI

[韩]具本哲　主编　[韩]吴允静　著　[韩]赵娴淑　绘　刘　奔　译
出版发行：上海科学技术文献出版社
地　　址：上海市长乐路 746 号
邮政编码：200040
经　　销：全国新华书店
印　　刷：常熟市文化印刷有限公司
开　　本：720mm×1000mm　1/16
印　　张：7.25
版　　次：2021 年 1 月第 1 版　2021 年 1 月第 1 次印刷
书　　号：ISBN 978-7-5439-8203-1
定　　价：38.00 元
http://www.sstlp.com